带你玩 五大连池

Show You Around Wudalianchi

陶奎元　奚思聪　主　编

奚思聪　插画设计

王云琦　装帧设计

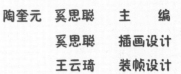

火山宝宝
五大连池火山小·博士

圣水宝宝
五大连池圣水小·博士

小·夏
来自夏威夷

小·京
来自北京

火山口到了，它最深的地方有140多米，直径350米。

啊！火山口真的好大啊！

火山口内部是火山喷发形成的火山渣块。

专家说它是活火山或休眠火山。

五大连池的火山是活火山还是死火山？我们夏威夷火山是座活火山。

活火山

现代尚在活动和预期可能再次喷发的火山。

死火山

史前曾喷发过，但有史以来一直未活动过的火山，此类火山已丧失了活动能力。

休眠火山

长期没有喷发，但将来还会喷发的火山。

火烧山

长白山

马鞍岭

中国典型的活火山还有五大连池的火烧山，吉林的长白山，海口的马鞍岭。

今天登上老黑山这座中国有名的活火山，真是太高兴了！

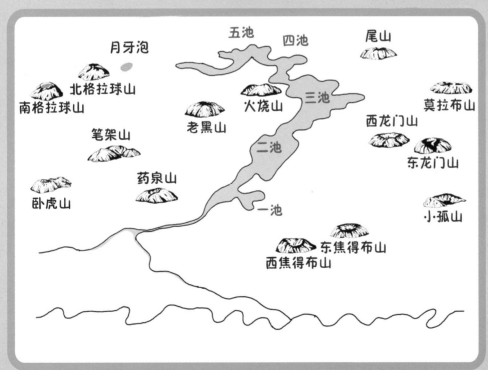

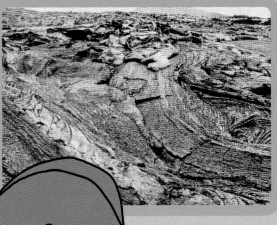

热的熔岩不断流动，它的表面先冷却，内部却继续流动，就推挤成绳索的样子。

是啊！你看这张图！这就是夏威夷pahoehoe。

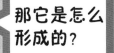

那它是怎么形成的？

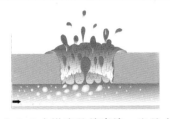

1

从火山口内溢出的熔岩流，当其内部所含气体聚集或者流至潮湿的地表时，热的岩流与冷的水相互接触就会产生小规模的点状分布的水热蒸汽。小片的熔岩伴随着气体冲破已凝固的熔岩表壳喷射抛出。

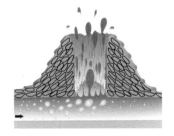

2

间歇性喷气与小片熔浆不断地射出、抛出，堆积在小型通道的周围。

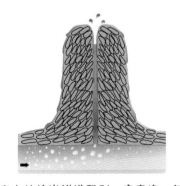

3

当小片熔岩饼堆积到一定高度，气体消耗殆尽，就不再抛射了，最终形成中有空腔，而四周为小片饼状熔岩互相叠落的一个硬壳。其外形呈锥状，好像"宝塔"、"烟囱"。

那喷气锥是怎么形成的？

看着图表我给你们解释。

真神奇！

1、熔岩沿着地表低凹处流下来。

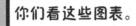

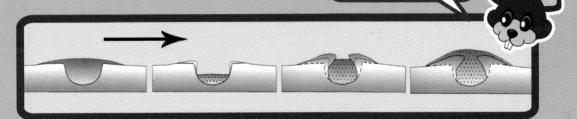

2、熔岩顶部先冷却，形成一个"洞顶"。

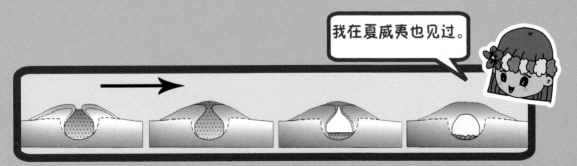

3、下面的熔岩继续流动，最后排空，形成一个类似火车隧道的通道。

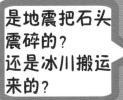

① 1、龙门山附近的早期盾状火山（距今大约28万至34万年），岩浆从火山口溢出，顺坡而下，成为熔岩流。

是地震把石头震碎的？还是冰川搬运来的？

② 2、炽热的熔岩流像一条"火龙"，在流动过程中，表层首先冷却、固结并碎裂成多孔状的渣状熔岩。

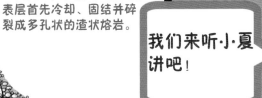

我们来听小·夏讲吧！

③ 3、熔岩继续流动，驮着表层碎裂的熔岩向前运移，碎裂的熔岩块进一步裂开、变小。

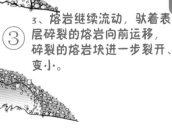

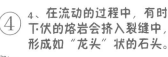

④ 4、在流动的过程中，有时下伏的熔岩会挤入裂缝中，形成如"龙头"状的石头。

这是黏度大的熔岩在流动中造成的。请你们看这张图。

内蒙古阿尔山天池

中国还有哪些天池？

有内蒙古阿尔山天池，吉林长白山天池。

吉林长白山天池

黄石公园

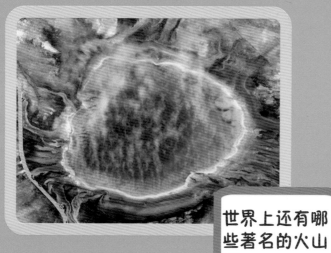

世界上还有哪些著名的火山湖？

印尼三色湖

有美国的黄石公园和印尼的三色湖。

听说，这是火山堰塞湖。

是的！这是熔岩流堵塞河道形成的。

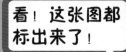
看！这张图都标出来了！

火山堰塞湖图

建设世界地质公园一是为了保护地质遗产，二是为了开展科学教育，三是为了发展旅游，带动地方社会经济发展。

这里为什么要建设地质公园？

这是世界地质公园园徽，只有被列入世界地质公园网络的公园才能使用。

GLOBAL
GEOPARKS
NETWORK

GGN是Global Geoparks Network的简称，就是世界地质公园网络。

这是我们五大连池世界地质公园的园徽。

我们爱美丽的

五大连池

五大连池世界地质公园位于黑龙江省黑河市。公园内有火山、喷气锥、熔岩流、熔岩隧道、火山堰塞湖、矿泉等景观。五大连池已成为学生科普教育的露天大教室。本书为中小学生科普读物。

图书在版编目（CIP）数据

带你玩五大连池 / 陶奎元，奚思聪主编.--南京：

东南大学出版社，2014.4

　　ISBN 978-7-5641-4803-4

　　Ⅰ.①带…　Ⅱ.①陶…　②奚…　Ⅲ.①五大连池－火

山－少儿读物　Ⅳ.①P317.52-49

　　中国版本图书馆CIP数据核字（2014）第053531号

主　　编：陶奎元　奚思聪

插画设计：奚思聪

装帧设计：王云琦

带你玩五大连池

出版发行：东南大学出版社

社　　址：南京四牌楼2号　邮编：210096

出 版 人：江建中

网　　址：http://www.seupress.com

电子邮箱：press@seupress.com

经　　销：全国各地新华书店

印　　刷：南京顺和印刷有限责任公司

开　　本：889mm×1194mm 1/24

印　　张：1.5

字　　数：30千字

版　　次：2014年4月第1版

印　　次：2014年4月第1次印刷

书　　号：ISBN 978-7-5641-4803-4

定　　价：19.80元

本社图书若有印装质量问题，请直接与营销部联系。电话（传真）：025-83791830